Bibliografische Information der Deutschen Bibliothek
Die Deutsche Bibliothek verzeichnet diese Publikation
in der Deutschen Nationalbibliografie; detaillierte bibliografische Daten
sind im Internet über http://dnb.ddb.de abrufbar.

Redaktionelle Leitung: Christina Braun, Livia Reidt
Redaktion: Karin Baege
Text: Martina Gorgas
Illustration: Marion Meister
Herstellung: Cornelia Huber
Layout: Horst Bachmann
Umschlaggestaltung: Mischa Acker
Umschlagabbildungen: Bibliographisches Institut & F.A. Brockhaus, Mannheim:
Elefanten, Zebras
Satz: tiff.any GmbH, Berlin
Printed in Malaysia

ISBN 978-3-7653-3391-0

DER KINDER BROCKHAUS

Mein erstes Lexikon der Tiere

F. A. Brockhaus
Leipzig · Mannheim

Luft
Eis
Land

Inhalt

Hallo, ich bin Rocko, das Krokodil. Auf dieser Seite siehst du die Tiere, die du im Buch wiederfindest. Vor jedem Kapitel gibt es spannende Bilderrätsel und ganz hinten zeigt dir eine Seite, wie groß und wie schwer manche Tiere sind. Viel Spaß beim Blättern und Staunen!

Schau genau!

1 In welches Tier verwandelt sich diese Raupe?

2 Wer hat so bunte Federn?

3 Zu wem gehören diese Krallen?

4 Wer schaut dich hier an?

5 Wo entdeckst du diesen Flügel wieder?

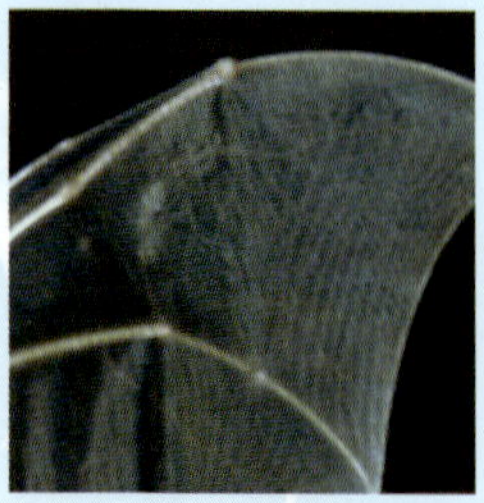

In der Luft

In der Luft sind ganz verschiedene Tiere unterwegs. Alle können fliegen. Es gibt Vögel wie Adler und Eule, Papagei und Wellensittich. Am häufigsten findest du Insekten in der Luft, zum Beispiel den Schmetterling.

Der Adler

Die großen Vögel sind sehr gute Flieger und kreisen hoch oben in der Luft. Adler sind die Könige der Lüfte. Wenn sie Beute entdecken, gehen sie blitzschnell in den Sturzflug über und packen mit ihren spitzen Krallen zu. Es gibt verschiedene Adlerarten, die sich in Größe und Farbe unterscheiden.

Schreiadler

Größe: 60 – 65 cm

Gewicht: 1,5 – 2 kg

Nahrung:
Schlangen, Frösche

Verbreitung:
Osteuropa, Indien

Besonderheiten:
Schreiadler sind Zugvögel. Sie bleiben im Winter nicht bei uns, sondern fliegen in die Wärme, nach Südafrika.

Ganz schön groß

Seeadler werden bis zu einem Meter groß und sind die Riesen des Himmels. Deutlich kleiner sind Schreiadler mit etwa 60 Zentimetern. Bei vielen Adlerarten sind die Weibchen größer und schwerer als die Männchen. Würdest du einen Seeadler hochheben, müsstest du vier bis sechs Kilo stemmen – so viel wiegt eine Katze!

Die ausgebreiteten Flügel der Seeadler sind zwei Meter lang.

Greifvögel

Schreiadler kannst du bei uns in Ostdeutschland beobachten. Wie alle Adler benutzen sie ihre spitzen Krallen als Zange und ergreifen damit ihre Beute. Deshalb nennt man Adler auch Greifvögel. Mit ihrem scharfen Schnabel zerlegen sie das Tier dann wie mit einem Messer. Schreiadler jagen nicht nur im Flug, sondern auch zu Fuß am Boden.

Adler sind gute Eltern

Adler bauen große Nester, die man Horste nennt. Dort legt das Weibchen ein bis drei Eier ab. Nach etwa 45 Tagen schlüpfen die Adlerküken. Beide Eltern kümmern sich um die Jungvögel und füttern sie abwechselnd mit kleinen Fleischstückchen. Die jungen Adler bleiben bei ihren Eltern, bis sie fast ein Jahr alt sind.

Der Schmetterling

Schmetterlinge sind Insekten. Wie alle Insekten haben sie sechs Beine und große Augen. Ihr Körper ist lang und dünn. Ihre vier Flügel haben ganz verschiedene Farben und Muster. Schmetterlinge leben überall auf der Welt.

Geschickt getarnt

Schmetterlinge haben viele Feinde wie zum Beispiel Vögel und Fledermäuse. Um vor ihnen geschützt zu sein, täuschen Schmetterlinge ihre Feinde geschickt. Der Zitronenfalter fällt auf einer gelben Blume gar nicht auf. Wenn er auf einem Blatt sitzt und seine Flügel zuklappt, ist er auch sehr gut getarnt. Seine geschlossenen Flügel sehen nämlich einem Blatt sehr ähnlich!

Aus dieser Raupe wird ein Schwalbenschwanz.

Wundersame Verwandlung

Der Schwalbenschwanz legt wie alle Schmetterlinge seine Eier auf Pflanzen ab. Aus jedem Ei schlüpft eine winzige Raupe. Sie frisst viel und wächst mehrere Wochen lang. Dann spinnt sie einen Faden und wickelt sich hinein. Man sagt, die Raupe verpuppt sich im Kokon. Wenig später platzt der Kokon und ein Schmetterling flattert heraus!

Riesen unter den Schmetterlingen

Die größten Schmetterlinge der Welt leben im Regenwald. Wenn der Rieseneulenfalter seine Flügel spannt, erreicht er über 25 Zentimeter! Das ist so lang wie der Unterarm eines Erwachsenen. Der Zitronenfalter gehört zu den kleineren Arten.

Zitronenfalter

Größe: 3,5 cm, Flügelspannweite 5,5 cm

Nahrung: Blütennektar (Schmetterling), Blätter (Raupe)

Verbreitung: Mittel- und Südeuropa, Nordafrika

Besonderheiten: Der Zitronenfalter überlebt den Winter, viele andere Schmetterlinge sterben im Herbst.

Die Fledermaus

Zu keinem anderen Tier gibt es so viele Schauergeschichten wie zur Fledermaus. Früher glaubte man, sie hätte Zauberkräfte. Noch heute sind die kleinen Tiere vielen Menschen etwas unheimlich.

Die Nacht wird zum Tag

Fledermäuse sind nachtaktive Tiere. Tagsüber schlafen sie in einer Höhle oder im Gebälk eines Daches. Bei Dämmerung werden die kleinen Tiere munter und gehen auf die Jagd nach fliegenden Insekten. Wenn die Fledermaus Beute entdeckt, fängt sie diese im Flug.

Große Hufeisennase

Größe: 4 – 16 cm, Flügelspannweite: 35 cm

Gewicht: 50 – 150 g

Nahrung: Mücken, Schnaken, Fliegen, Nachtfalter

Verbreitung: Europa, Südamerika, Australien

Besonderheiten:
Tagsüber hängt die Fledermaus schlafend mit dem Kopf nach unten in Höhlen oder auf Dachböden.

Die Nase der Großen Hufeisennase sieht aus wie ein Hufeisen.

Besondere Ohren

Fledermäuse stoßen durch Nase oder Maul hohe Töne aus, die wir Menschen nicht hören können. Diese Töne nennt man Ultraschall. Die Umgebung wirft diese Töne zurück. Mit ihren Ohren nimmt die Fledermaus das Echo dieser Töne auf. So findet sie sich auch im Dunkeln überall zurecht und stößt nirgendwo an.

Maus oder Vogel?

Fledermäuse sind weder mit Vögeln noch mit Mäusen verwandt. Sie haben ein dichtes Fell, aber keine Federn wie Vögel. Fledermäuse sind Säugetiere, und zwar die einzigen, die fliegen können. Dafür sorgen ihre Flughäute zwischen Beinen, Armen und dem Schwanz. Im Frühsommer kommt ihr Junges auf die Welt. Es wird, wie bei allen Säugetieren, mit Milch versorgt.

Der Papagei

Papageien sind bunte und lebhafte Vögel. Typisch ist ihr großer Kopf mit dem kräftigen Schnabel. Sie können Geräusche oder Wörter gut nachahmen. Es gibt viele verschiedene Papageienarten. Dazu gehören auch die Wellensittiche.

Grünflügelara

Größe: 70 – 90 cm

Gewicht: 800 – 1000 g

Nahrung: Samen, Früchte, Beeren, Blütennektar

Verbreitung: Südamerika

Besonderheiten:
Männchen und Weibchen haben die gleiche Federfärbung.

Schön warm und hoch oben

Papageien mögen es gerne warm. Die bunten Vögel leben vor allem im tropischen Regenwald. Ganz weit oben, in den höchsten Baumkronen, fühlen sich die guten Kletterer wohl. Papageien sind gesellige Tiere, die in größeren Gruppen oder Schwärmen leben.

Farben wie aus dem Malkasten

Viele Papageien haben ein farbenprächtiges Gefieder. Manche von ihnen sind einfarbig, andere haben mehrfarbige Federn. Der Grünflügelara ist einer der größten Papageien. Seine Federn leuchten in den Farben Rot, Orange, Grün, Hellblau und Dunkelblau. Wellensittiche sind auch sehr farbenfroh. Du hast sie vielleicht schon in den Farben Gelb, Grün, Hell- und Dunkelblau oder auch ganz in Weiß gesehen!

Ziemlich clever!

Papageien haben einen kräftigen Schnabel. Er ist nicht nur zum Sprechen wichtig. Mit dem Schnabel knacken sie wie mit einer Kneifzange Samen und Nüsse. Auch beim Klettern helfen sich die klugen Papageien mit dem Schnabel. Wenn sie besonders guten Halt brauchen, benutzen sie ihn wie einen Fuß!

Das Gefieder der Wellensittiche hat ein wellenförmiges Muster.

Die Eule

Eulen sind große Nachtvögel. Sie gehören zur Familie der Greifvögel. Man erkennt sie an ihrem großen, runden Kopf und den von einem Federschleier umgebenen Augen. Eulen bauen keine Nester, sondern legen ihre Eier in Felslöchern oder Erdmulden ab.

Uhu

Größe: 60 – 70 cm

Gewicht: 2 – 4 kg

Nahrung: Igel, Ratten, Mäuse, Kaninchen, Enten

Verbreitung: Europa, Asien, Nordafrika

Besonderheiten: Eulen können ihren Kopf ganz weit nach hinten drehen.

Der Uhu und sein Name

Die größte Eule ist der Uhu, darum wird er auch König der Nacht genannt. Den Uhu erkennt man an seinem Rufen, das so ähnlich klingt wie sein Name: buoh, buoh. Beim Rufen öffnet der Uhu aber seinen Schnabel nicht! Man sieht nur, dass sich die Federn an seinem Hals sträuben.

Junge Waldkäuze können noch nicht gleich nach der Geburt fliegen.

Lautloser Jäger

Der Uhu schläft wie die meisten Eulen tagsüber auf einem Baum oder in einer Scheune. In der Dämmerung geht er auf die Jagd. Mit seinen Augen sieht der Uhu auch bei Dunkelheit gut. Seine langen Federohren hören selbst kleinste Geräusche. An seinen Flügeln hat der Uhu sehr weiche Federn. Deshalb kann er fast lautlos fliegen und so seine Beute überraschen.

„Huuh, huuh!“

„Huuh, huuh“, klingt es durch die Winternacht. Hier ist vielleicht ein Waldkauz unterwegs. Das Männchen möchte mit diesem Ruf ein Weibchen zur Paarung anlocken. Das Weibchen antwortet mit einem ähnlichen Ruf. Gleichzeitig soll der Ruf andere Männchen aus dem Gebiet verjagen.

Schau genau!

1 Zu welchen Tieren gehören diese Ohren?

a) 

b) 

c) 

2 Wer hat diese kleine Nase?

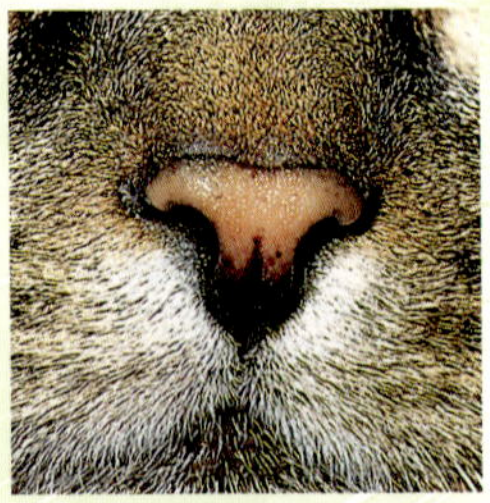

3 Bei welchem Tier entdeckst du diese Blätter?

4 Findest du die passenden Tiere zu den Füßen?

a) 

b) 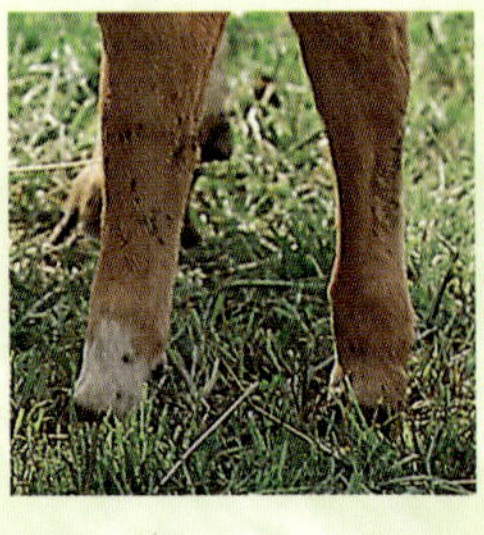

Auf dem Land

Viele Tiere leben im Grasland, in dichten Wäldern oder im Gebirge. Tiere wie Hunde, Katzen, Pferde und Kühe sind einheimische Landtiere. Im Zoo hast du bestimmt schon einmal Bären, Affen und Tiger gesehen. Auch sie leben an Land.

Der Hund

Hunde stammen von den Wölfen ab. Sie leben seit vielen Tausend Jahren mit Menschen zusammen. Aber nicht alle Hunde sind Familienhunde. Manche eignen sich sehr gut als Wach- oder Jagdhunde. Das hängt von ihrer Rasse ab. Es gibt über 400 verschiedene Hunderassen!

Alle Hunde haben einen Anführer

Hunde sind Herdentiere. Frei lebende Hunde tun sich zu einer großen Gruppe, dem Rudel, zusammen. Wölfe leben auch in einem Rudel. Jedes Rudel hat einen Anführer, dem sich alle Tiere unterordnen. Auch bei den Haushunden ist das so: Jeder Hund hat ein Herrchen, dem er gehorcht.

Alle Münsterländerwelpen wollen gleichzeitig trinken.

Verspielte Welpen

Hunde sind Säugetiere. Hündinnen, so werden die weiblichen Hunde genannt, bringen mehrere Junge auf einmal zur Welt und säugen sie mit Milch. Sie zeigen den jungen Hunden, den Welpen, alles, was sie wissen müssen. Am liebsten balgen und spielen die Welpen aber mit ihren Geschwistern.

Hund für viele Aufgaben

Schäferhunde sind sehr lebhafte Tiere und brauchen viel Auslauf. Außerdem sind sie neugierig und mutig. Manche Schäferhunde werden von Menschen besonders ausgebildet. Sie lernen, wie sie durch Erdbeben verschüttete Menschen aufspüren können. Außerdem gibt es Blindenführhunde und Diensthunde bei der Polizei.

Schäferhund

Größe:
55 – 65 cm (Schulterhöhe)

Gewicht: 30 – 40 kg

Nahrung: Fleisch, Gemüse

Verbreitung: weltweit, vor allem Europa

Besonderheiten:
Der Deutsche Schäferhund ist ein besonders mutiger und treuer Hund.

Die Katze

Katzen können sehr gut hören und sehen. Nachts gehen sie gerne auf die Jagd. Sie schleichen sich lautlos an. Mit ihren scharfen Krallen fangen sie die Beute. Aber auch Katzen werden manchmal gejagt. Dann flitzen sie geschickt auf Bäume und warten in sicherer Höhe, bis die Luft wieder rein ist.

Hauskatze

Größe:
30 – 35 cm (Schulterhöhe)

Gewicht: 3 – 7 kg

Nahrung: Mäuse, Vögel

Verbreitung: weltweit, vor allem Europa

Besonderheiten:
Mit den Schnurrhaaren tasten Katzen im Dunkeln, ob Hindernisse im Weg sind.

Hauskatze

Hauskatzen gehören wie Löwen, Geparden, Tiger, Jaguare und Leoparden zur Familie der Katzenartigen. Die Männchen heißen Kater, weibliche Katzen werden Kätzinnen genannt. Das Fell der Katzen ist einfarbig oder farbig gefleckt. Du hast bestimmt schon weiße, schwarze, rötliche, getigerte oder graue Katzen gesehen.

Zwei Katzenbabys erkunden die Umgebung.

Die ersten Lebenswochen

Katzen bringen zweimal im Jahr mehrere Kätzchen zur Welt. Zuerst sind die Kleinen noch blind. Trotzdem finden sie aber die Zitzen ihrer Mutter und trinken von der Milch. Nach einigen Tagen können sie dann sehen. Bald darauf kämpfen sie spielerisch mit ihren Geschwistern.

Die Katzensprache

Katzen zeigen deutlich, was sie gerne haben oder nicht mögen. Wenn du eine Katze streichelst, schnurrt sie. Richtet sie ihre Ohren nach oben, ist sie aufmerksam. Bei Gefahr baut sie sich mit erhobenem Buckel auf. Wenn sie dann noch wild faucht, musst du sie in Ruhe lassen.

Die Kuh

Seit sehr langer Zeit halten sich Menschen Rinder als Nutztiere. Das weibliche Rind heißt Kuh, das männliche Tier wird Stier oder Bulle genannt. Das Jungtier heißt Kalb. In den Eutern der Kühe wird die Milch gebildet.

Fleckvieh

Größe: 1,20 – 1,30 m

Gewicht: 500 – 550 kg

Nahrung: Gräser, Heu, Getreide, Mais, Rüben

Verbreitung: weltweit

Besonderheiten:
Kühe sind etwa acht Stunden am Tag mit Wiederkäuen beschäftigt.

Speiseplan der Kuh

Im Sommer sind Kühe meist auf der Weide und fressen Gras. Im Winter stehen sie im Stall und werden vom Bauern gefüttert. Kühe schlucken die Nahrung, ohne sie zu kauen. Stell dir vor, sie haben vier Mägen! Durch diese Mägen wandert die Nahrung. Immer wieder kommt sie zurück ins Maul der Kuh, wird noch einmal durchgekaut und wieder hinuntergeschluckt. Wiederkäuen heißt dieser Vorgang. Das dauert sehr lange und deshalb legt sich die Kuh dabei hin.

Die Kälbchen und die Milch

Wie alle Säugetiere geben Kühe ihren Kälbern Milch. Die Kälber saugen am Euter ihrer Mütter. Wenn eine Kuh kein Kalb hat, wird sie gemolken. Auf größeren Bauernhöfen gibt es dafür Melkmaschinen. Jeden Tag liefert uns eine Kuh ungefähr 20 Liter Milch!

Vielseitiges Nutztier

Die Milch von Kühen ist für uns Menschen ein wichtiges Nahrungsmittel. Aus Milch lassen sich aber auch andere Produkte herstellen: Butter und Käse, Sahne, Joghurt und Quark. Außerdem liefern Kühe den Menschen auch Fleisch und Wurst.

Das Pferd

Ursprünglich waren Pferde Wildtiere, die in Freiheit lebten. Doch schon vor Tausenden von Jahren erkannten Menschen, dass ihnen Pferde nützlich sein können. Sie fingen Wildpferde ein. Im Laufe der Zeit gewöhnten sich die Tiere an die Menschen und ließen sich auch reiten.

Camarguepferd

Größe: 1,35 – 1,45 m (Stockmaß)

Gewicht: 360 – 430 kg

Nahrung: Gräser, Schilf, Salzpflanzen

Verbreitung: Südfrankreich (Camargue), weltweit als Zuchtpferde

Besonderheiten: Das Camarguepferd ist ein Wildpferd. Noch heute leben viele Herden frei in der Camargue.

Helfer bei der Arbeit

Früher waren Pferde vor allem Arbeitstiere. Als es noch keine Autos gab, zogen Pferde Kutschen und manchmal sogar Straßenbahnen! Auf dem Land spannte der Bauer Pferde vor seinen Pflug. Für solche Aufgaben brauchte man kräftige und ruhige Pferde wie die Kaltblüter. Heute werden sie zum Beispiel noch für die Waldarbeit genutzt. Auch Camarguepferde, kleine Wildpferde, werden noch heute zum Hüten von Rindern und zum Tragen von Lasten eingesetzt.

Pferde in jeder Größe

Viele Kinder lieben Ponys. Das sind besonders kleine Pferde. Auf den kleinen Pferden können sie gut reiten. Ponys haben eine Schulterhöhe von weniger als 1,5 Metern. Pferde werden bis zu 1,8 Meter hoch.

Das Falabella-Pony ist das kleinste, das Shirehorse das größte Pferd.

Pferde als Reittiere

Heute werden die meisten Pferde in der Freizeit als Reittiere genutzt. Manche Reiter nehmen mit ihrem Pferd auch an Turnieren teil. Dafür eignen sich besonders Warmblüter wie zum Beispiel Hannoveraner oder Trakehner. Das sind schnelle Pferde, die leichter sind als Kaltblüter.

Der Bär

Bären gehören zu den größten Landraubtieren. Sie haben einen rundlichen Körper mit kräftigem Hals, breitem Kopf und langer Schnauze. Ihre Füße und Hände nennt man Pranken. Bären haben an jeder Pranke fünf Krallen.

Braunbär

Größe: 2 – 3 m

Gewicht: 150 – 700 kg

Nahrung: Beeren, Obst, Früchte, Fleisch

Verbreitung: Europa, Asien, Nordamerika

Besonderheiten:
Braunbären können sehr gut hören und riechen.

Allesfresser Bären

Braunbären leben in Wäldern und im Gebirge. Sie sind meistens in der Dämmerung oder nachts aktiv. Dann streifen die Braunbären auf der Suche nach Futter durch ihr Gebiet. Die großen Tiere fressen am liebsten Pflanzen, manchmal auch Vögel und Mäuse.

Ruhige Winter

Im Spätsommer und Herbst fressen die Bären sehr viel, um sich ein Fettpolster für den Winter zuzulegen. Die Wintermonate verbringen sie dann in einer Höhle, die weich ausgepolstert ist. Hier halten sie Winterruhe. Sie schlafen aber nicht bis zum Frühling durch, sondern wachen immer wieder auf, verlassen die Höhle und suchen nach Nahrung.

Junge Bären

Im Winter bringt die Bärin in der Höhle ihre Jungen zur Welt, meist zwei oder drei. Nach etwa einem Monat öffnen die jungen Bären ihre Augen. Die erste Zeit verbringen sie in der Winterhöhle. Wenn es Frühling wird, erkunden sie die Umgebung. Ihre Mutter passt dabei immer gut auf sie auf.

Die Bärenmutter zieht ihre Jungen alleine auf.

Der Affe

Affen sind uns Menschen sehr ähnlich, vor allem die Affen aus der Familie der Menschenaffen. Schimpansen und Orang-Utans sind bekannte Beispiele. Sie leben im Wald und bauen sich zum Schlafen ein Nest aus Blättern, meist auf hohen Bäumen.

Orang-Utans klettern am liebsten nur auf Bäumen herum.

Kletterkünstler

Für Schimpansen und Orang-Utans sind ihre starken Arme sehr wichtig. Schimpansen stützen sich auf die Fingerknöchel, wenn sie auf dem Boden laufen. In der Höhe hangeln sie sich mit ihren Armen von Ast zu Ast. Wenn sie zu einem weiter entfernten Baum wollen, schaukeln sie so lange hin und her, bis der Abstand zu diesem Baum so klein geworden ist, dass sie ihn mit einem Sprung erreichen können.

Schimpanse

Größe: 70 – 90 cm

Gewicht: 30 – 60 kg

Nahrung: Früchte, Blätter, Nüsse, Samen

Verbreitung: West- und Zentralafrika

Besonderheiten: Schimpansen leben in Gruppen von über 50 Tieren. Ein besonders starkes Männchen ist der Anführer.

Kluge Menschenaffen

Schimpansen sind kluge Tiere. Ihr Gehirn ist dem menschlichen sehr ähnlich. Deshalb nennt man sie auch Menschenaffen. Schimpansen benutzen Steine, Stöckchen und Blätter als einfache Werkzeuge. Sie unterhalten sich mit Lauten wie Schreien oder Grunzen.

Große Familie

Vier bis acht Schimpansen bilden eine Familie. Sie kuscheln oft eng aneinander und pflegen gegenseitig ihr Fell, um es von Läusen zu befreien. So zeigen sie, dass sie sich mögen und füreinander sorgen. Die Weibchen bringen alle vier bis fünf Jahre ein Junges auf die Welt. Sie säugen das Kleine und tragen es auf dem Rücken.

Der Tiger

Wusstest du, dass der Tiger mit der Hauskatze verwandt ist? Die auffällig gestreifte Großkatze ist die größte und kräftigste Katzenart der Welt. Besonders große Tiere wiegen mehr als drei erwachsene Menschen! Tiger leben in dichten Wäldern, im Grasland, im Gebirge und in Sümpfen.

Sibirischer Tiger

Größe: 1,90 – 2,80 m

Gewicht: 100 – 300 kg

Nahrung:
Antilopen, Rinder, Hirsche, Wildschweine

Verbreitung:
Ostasien, Sibirien

Besonderheiten:
Der Sibirische Tiger ist die größte Katze der Welt.

Gefährlicher Jäger

Durch sein gestreiftes Fell kann sich der Tiger gut zwischen Gräsern und Büschen verstecken. Wie die Hauskatze lauert auch er auf Beute. Wenn er ein Tier entdeckt, pirscht er sich auf leisen Pfoten heran. Blitzschnell packt er die Beute und tötet sie mit seinen scharfen Eckzähnen.

Der Fußabdruck des Tigers ähnelt dem der Katze.

Einzelgänger Tiger

Sobald ein Tiger ausgewachsen ist, sucht er sich ein eigenes Gebiet. Tagsüber ruht er sich in einer Schlafhöhle oder einer Felsspalte aus. Erst abends geht er auf die Jagd. Um andere Tiger fernzuhalten, markiert der Tiger sein Gebiet mit Harn und Kot. Nur Tigerweibchen dürfen es betreten.

Tigerbabys

Das Weibchen bringt zwei bis sechs Tigerbabys zur Welt. Nach der Geburt verlässt das Männchen Mutter und Junge. Das Tigerweibchen säugt die Tigerbabys. Leider überleben manchmal nur ein oder zwei Jungtiere. Diesen bringt die Mutter das Jagen bei.

Schau genau!

1 Wer schlüpft hier aus dem Ei?

2 Welches Tier hat solche Schuppen?

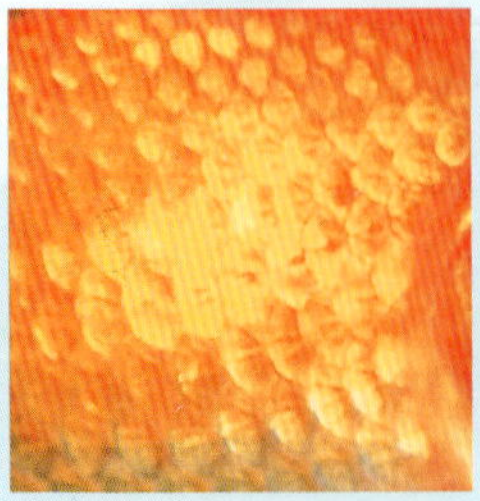

3 Weißt du, zu welchem Tier diese Flosse gehört?

4 Zu welchen Tieren passen diese Zähne?

a)

b)

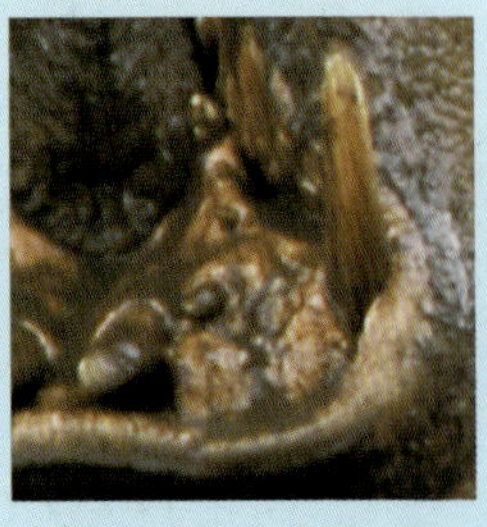

c)

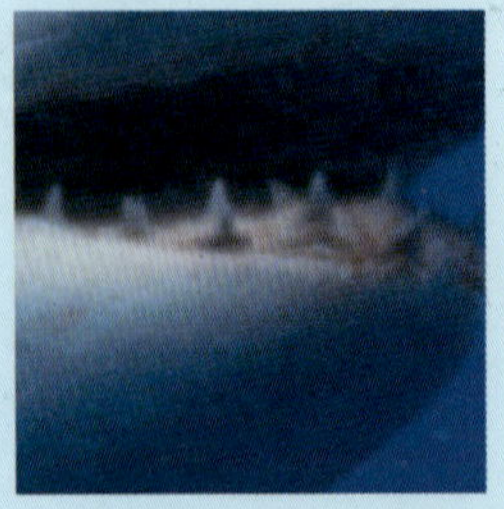

Im Wasser

Ob salzhaltiges Meer, Süßwassersee, Aquarium oder Fluss – je nach Art und Größe des Gewässers leben dort unterschiedliche Tiere: kleine, harmlose Goldfische oder große Raubfische wie der Weiße Hai. Auch Nilpferde und Krokodile fühlen sich im Wasser wohl.

Der Fisch

Manche Fische wie der Goldfisch können im Süßwasser, andere wie der Clownfisch nur im Salzwasser leben. Viele Fischarten haben ein Körpergerüst aus Knochen und werden deshalb Knochenfische genannt. Dazu gehören Goldfische und Clownfische.

Goldfisch

Größe: 20 – 35 cm

Gewicht: 400 – 1000 g

Nahrung:
Kleintiere und Pflanzen

Verbreitung: weltweit

Besonderheiten:
In größeren Teichen kann der Goldfisch bis zu 50 cm lang werden.

Wie kriegen Fische Luft?

Wie alle Fische können auch Goldfische unter Wasser atmen. Dafür haben sie besondere Atemorgane, die Kiemen. Diese liegen seitlich am Kopf, hinter den Augen. Beim Schwimmen öffnen die Fische ihr Maul und lassen Wasser durch die Kiemen strömen. So holen sie den Sauerstoff aus dem Wasser.

Die orange-rot gestreiften Fische heißen Clownfische.

Schuppen als Schutz

Der Körper eines Fisches ist mit Schuppen bedeckt. Sie schützen ihn vor Verletzungen und Krankheiten. Schuppen liegen wie Dachziegel übereinander und werden von einer durchsichtigen, oberen Haut umgeben. Diese Oberhaut fühlt sich schleimig an.

Wie Fische heranwachsen

Die meisten Fische legen eine große Anzahl von Eiern ab. Die Eier nennt man Laich. Mit seiner klebrigen Oberfläche heftet sich der Laich an Wasserpflanzen. Nach dem Ablegen kümmern sich die Fische nicht mehr um ihre Eier. Nach etwa einer Woche schlüpfen die Fische. Sie sind nur wenige Millimeter groß. Stell dir vor, im ersten Lebensjahr sind Goldfische nicht goldfarben, sondern silbrig glänzend!

Der Delfin

Delfine sind keine Fische, sondern Säugetiere, das heißt, sie ernähren wie Hunde und Katzen die Jungen mit ihrer Milch. Delfine haben aber keine Beine, sondern Vorderflossen und eine Schwanzflosse. Außerdem haben sie noch eine dreieckige Rückenflosse, die Finne.

Großer Tümmler

Größe: 2 – 4 m

Gewicht: 150 – 650 kg

Nahrung: Fische, Tintenfische, Kraken

Verbreitung: weltweit

Besonderheiten: Große Tümmler haben eine kurze Schnauze.

Guter Zusammenhalt

Delfine leben in großen Gruppen zusammen, die man Delfinschulen nennt. Mehrere Hundert Tiere können zu so einer Gruppe gehören. Die Delfine halten zusammen und helfen sich gegenseitig bei Gefahren. Und wenn sich eines der Tiere verletzt, ziehen es die anderen an die Wasseroberfläche.

Das Blasloch befindet sich oben auf dem Kopf des Delfins.

Wie Delfine atmen

Delfine sind ihr ganzes Leben im Wasser. Sie jagen, fressen und schlafen dort, auch ihre Jungen kommen im Wasser zur Welt. Doch Delfine haben keine Kiemen wie Fische, sondern Lungen wie wir Menschen. Deshalb können sie nicht unter Wasser atmen, sondern müssen immer wieder kurz auftauchen und durch ein Blasloch am Kopf Luft einsaugen.

Jagd durch Echo

Delfine wie der Große Tümmler fressen gerne Fische. Sie gehen immer mit anderen Delfinen auf die Jagd. Unter Wasser schwimmen sie dann nebeneinander und bilden eine Linie. So treiben sie die Fische zusammen. Dabei verständigen sich die Delfine durch Klick- und Pfeiflaute. Durch diese Laute entsteht ein Echo. Das hilft den Tieren auch, sich im Wasser zurechtzufinden.

Das Krokodil

Krokodile gehören wie die Schlangen zur Familie der Reptilien. Reptilien sind Kriechtiere, die meist Eier legen. Krokodile haben eine Haut aus Hornschuppen, ein längliches Maul und kurze Beine. Am liebsten sind sie im Wasser. Hin und wieder sonnen sie sich gerne am Ufer.

Leistenkrokodil

Größe: 6 – 7 m

Gewicht: 900 – über 1000 kg

Nahrung: Säugetiere, Vögel, Fische

Verbreitung: Südostasien, Nordaustralien

Besonderheiten: Das Leistenkrokodil ist das größte Krokodil. Es lebt nur im Meer und heißt deswegen auch Salzwasserkrokodil.

Vorfahren Dinosaurier

Stell dir vor: Krokodile sind Verwandte der Dinosaurier! Bereits vor Millionen von Jahren, zur Zeit der Dinosaurier, gab es diese großen Tiere. Wie Flugsaurier und Dinosaurier gehörten sie zur Familie der Großsaurier. Die Krokodile haben neben wenigen anderen bis heute überlebt.

Getarnte Jäger

Krokodile liegen gerne im Wasser. Nur Augen und Nasenlöcher sind noch zu sehen. So sind sie fast unsichtbar für Tiere, die sich dem Krokodil ahnungslos nähern, um zum Beispiel am Fluss oder im See zu trinken. Blitzschnell taucht das Krokodil dann auf und schnappt zu.

Gerade geschlüpft! Mit einem Eizahn hat das Minikrokodil die Schale geknackt. Dieser Zahn fällt danach ab.

Krokodilnachwuchs

Wie alle Krokodile legt auch das Leistenkrokodil Eier. Etwa 50 Eier liegen sicher in einem Hügelnest aus Pflanzen. Dadurch bleiben die Eier warm. Andere Krokodile legen ihre Eier in eine Sandgrube, die mit Pflanzen bedeckt wird. Tag und Nacht bewachen die Krokodile die Eier. Nach etwa drei Monaten schlüpfen die Jungen. Die Mütter tragen sie behutsam ins Wasser. Obwohl sie spitze Zähne haben, verletzen sie ihre Jungen damit nicht!

Das Flusspferd

Flusspferde haben einen großen, schweren Körper mit breitem Kopf und winzigen Ohren. Ihre Beine sind kurz und stämmig. Flusspferde können aber trotzdem schnell damit laufen.

Großes Flusspferd

Größe: 3,30 – 4,50 m

Gewicht: 1,4 – 3,2 t

Nahrung: Gras, Wurzeln

Verbreitung: Afrika

Besonderheiten:
Ihre großen Eckzähne werden bis zu einem halben Meter lang.

Trocken und nass

Flusspferde leben an Land und im Wasser. Um keinen Sonnenbrand zu bekommen, halten sie sich tagsüber im Wasser auf. Sie sind aber keine guten Schwimmer, sondern laufen meist auf dem Boden eines Gewässers entlang oder lassen sich vom Wasser tragen. Dann ragen nur die Augen und die Nasenlöcher aus dem Wasser. Abends gehen sie an Land, um hier nach Nahrung zu suchen.

Leben in Schulen

Flusspferde leben mit vielen anderen Flusspferden zusammen. So sind sie besser vor Gefahren geschützt. Sie bilden sogenannte Schulen, also Gruppen von ungefähr zwanzig Tieren. Diese Schulen werden von einem starken männlichen Flusspferd angeführt.

Junge Flusspferde bleiben ungefähr fünf Jahre bei ihrer Mutter.

Junge Flusspferde

Ein Weibchen bringt ihr Junges immer im Wasser auf die Welt. Das junge Nilpferd nennt man Kalb. Es kann sofort laufen und sich selbst vom Boden des Flusses nach oben zur Wasseroberfläche abstoßen und dort Luft holen. Die Haut des Neugeborenen ist zuerst rosa, später dann graubraun wie bei den großen Tieren.

Der Hai

Weltweit gibt es rund 500 verschiedene Haiarten. Haie sind Knorpelfische, ihr Skelett hat keine Knochen, sondern weiche Knorpel. Wie die Fische atmen sie durch Kiemen. Damit bekommen sie den Sauerstoff aus dem Wasser, den sie zum Leben brauchen. Der bekannteste Hai ist der Weiße Hai.

Weißer Hai

Größe: 5 – 8 m

Gewicht: 1 – 1,2 t

Nahrung: Fische, kleinere Haie, Meeresschildkröten, Delfine, Seclöwen

Verbreitung: weltweit

Besonderheiten:
Die Kiefer des Weißen Hais sind sehr kräftig.

Von gefährlich bis harmlos

Viele Menschen haben Angst vor Haien. Doch nur wenige Haie können für uns gefährlich werden, zum Beispiel der sechs Meter lange Weiße Hai. Völlig harmlos, aber riesig ist der Walhai. Er frisst nur kleine Pflanzen und Tiere, die im Wasser treiben.

Der Walhai ist über zehn Meter lang und der größte lebende Hai.

Nachwachsende Zähne

Haie haben es gut: Wenn sie einen Zahn verlieren, rückt einfach ein anderer an seine Stelle. Wie das geht? Im Kiefer des Hais liegen mehrere Zahnreihen hintereinander. Verliert der Hai einen Zahn, dann richtet sich der Zahn dahinter auf und schließt die Zahnlücke.

Eine gute Nase

Haie können sehr gut riechen. Wenn sich zum Beispiel ein Delfin in ungefähr siebzig Metern Entfernung verletzt hat, nimmt der Hai das Blut im Wasser wahr und schwimmt los, um der Spur des Tieres zu folgen. Man sagt: er wittert seine Beute. Auch ein blinder Hai verfehlt auf diese Weise nie sein Ziel.

Der Schwertwal

Schwertwale gehören zur Familie der Delfine. Sie sind die größte Delfinart und werden auch Orkas genannt. Schwertwale sind wie Delfine keine Fische, sondern Säugetiere.

Großer Schwertwal

Größe: 6 – 8 m

Gewicht: 5,5 – 9 t

Nahrung: Fische, Robben, Vögel

Verbreitung: weltweit

Besonderheiten:
Der Name kommt von der riesigen Rückenflosse, die fast zwei Meter lang werden kann.

Gut zu erkennen

Der Schwertwal ist auffällig gefärbt. Seine Oberseite mit Rücken- und Schwanzflosse ist dunkel, sein Bauch weiß. Über seinen Augen und am Rücken hat er weitere weiße Stellen. Die Rückenflosse ist dunkel. Stell dir vor, sie ist so groß wie ein Erwachsener. Wenn der Orka zum Atmen an die Wasseroberfläche schwimmt, ragt seine Rückenflosse weit aus dem Wasser heraus.

Schwertwale können weit aus dem Wasser springen.

Spitze Zähne

Der Schwertwal hat eine Menge spitzer Zähne in seinem Maul. Sie greifen beim Zubeißen passgenau ineinander. Damit können Schwertwale auch glitschige Fische gut festhalten. Jeder Zahn ist ungefähr sieben Zentimeter lang. Schau doch mal auf einem Lineal nach, wie groß das ist. Deine Zähne sind klein dagegen, ungefähr einen halben Zentimeter lang!

Gemeinschaft der Schwertwale

Orkas leben mit vielen anderen Orkas zusammen. Diese Gruppen heißen Schulen. Sie werden von einem älteren Weibchen angeführt. In dieser Gruppe tauchen und jagen alle zusammen. Nach dem Fressen ruhen sie sich gerne aus. Dann schwimmen die Orkas langsam und ganz eng nebeneinander. Wenn sie die Gegend beobachten möchten, schauen sie mit dem Kopf aus dem Wasser oder machen hohe Sprünge.

Schau genau!

1 Welches Tier hat diese grünen Schuppen?

2 Wie sieht die Mutter von diesem Jungtier aus?

3 Wer spitzt hier seine Ohren?

a)

b)

c)

4 Zu welchen Tieren passen diese Füße?

a)

b)

c)

In der Steppe

In manchen Gegenden der Welt wachsen kaum Bäume, weil es so trocken ist. Dort können nur Sträucher und Gräser gedeihen. Solche Landschaften nennt man Steppen. Hier leben sehr viele unterschiedliche Tiere: Elefanten, Löwen, Nashörner und Zebras, Kängurus, Klapperschlangen, Giraffen und Kamele.

Der Elefant

Elefanten heißen wegen ihres Rüssels auch Rüsseltiere. Sie fressen kein Fleisch, sondern nur Pflanzen. Mit ihren großen Ohren wedeln sich die Tiere kühle Luft zu. Es gibt Afrikanische und Asiatische Elefanten.

Afrikanischer Elefant

Größe: 3 – 4 m

Gewicht: 5 – 7 t

Nahrung: Gras, Blätter, Zweige

Verbreitung: Afrika

Besonderheiten:
Die Männchen und auch die Weibchen haben Stoßzähne. Beim Asiatischen Elefanten haben nur die Männchen Stoßzähne.

Afrikanisch oder Asiatisch?

Der Afrikanische Elefant ist größer und stärker als sein asiatischer Verwandter. Er ist das größte Landsäugetier. Auch seine Ohren sind riesig und er hat einen leichten Buckel. Der Asiatische Elefant hat kleinere Ohren. Sein Rücken ist meist gerade, nur am Kopf hat er zwei Wölbungen.

Auf Nahrungssuche

Wenn es viel regnet, finden Elefanten überall genügend frisches Gras. Ist es trocken, holen sie sich mit ihrem Rüssel Blätter und Zweige von den Bäumen. Die jungen Elefanten, Kälber genannt, werden von ihren Müttern mit Milch gesäugt.

Familientier Elefant

Afrikanische Elefanten bilden kleine Familiengruppen, angeführt von einem älteren Weibchen. Bei Gefahr und auf der Suche nach Nahrung schließen sich Elefanten zu größeren Herden zusammen. Dann laufen sie auf Elefantenstraßen lange Strecken durch die Steppe. Das sind Wege, die verschiedene Herden immer wieder benutzen.

Der Rüssel ist für Elefanten sehr wichtig: Er dient sowohl als Nase, Strohhalm und Gabel!

Das Känguru

Kängurus sind große Säugetiere, die in Australien leben. Sie säugen ihre Jungen mit Milch. Tagsüber ruhen sie sich aus, nachts aber werden sie munter. Kängurus gehören zu den Beuteltieren, weil die Weibchen ihre Jungen nach der Geburt in einem Beutel am Bauch tragen.

Graues Riesenkänguru

Größe: 0,85 – 1,40 m

Gewicht: 30 – 55 kg

Nahrung: Gräser, Pflanzen, Kräuter, auch Rinden

Verbreitung: Australien

Besonderheiten:
In Zoos frisst es auch Früchte.

Kängurus können sich wehren

Kängurus haben kurze Vorderbeine und kräftige Hinterbeine. Mit ihren zwei scharfen Krallen an den Hinterfüßen können sie sich gut verteidigen. Zusätzlich trommeln sie mit den Vorderpfoten auf die Angreifer ein und treten sie kräftig mit ihren Hinterbeinen.

Gut aufgehoben

Das Baby des Riesenkängurus ist nach der Geburt nur zwei Zentimeter groß und wiegt ungefähr ein Gramm! Obwohl es so winzig ist, findet es den Weg in den Beutel der Mutter. Dort saugt es sich an einer Zitze fest und trinkt Milch. Im Beutel wächst es heran und bleibt hier über ein halbes Jahr. Dann klettert es immer wieder hinaus, um mit der Mutter die Umgebung zu erkunden. Wenn es fast ein Jahr alt ist, ist es für den Beutel zu groß.

Flotte Hüpfer

Auf ihren langen und kräftigen Hinterbeinen hüpfen die Kängurus schnell durch die Gegend. Riesenkängurus erreichen auf kurzen Strecken 90 Stundenkilometer. So schnell fährt ein Auto auf der Landstraße! Mit ihrem Schwanz können sie beim Springen das Gleichgewicht halten. Er ist wie ein dritter Fuß.

Das Rote Riesenkänguru springt bis zu zehn Meter weit und drei Meter hoch.

Das Nashorn

Nashörner gehören zu den größten Landsäugetieren. Sie haben, wie der Name sagt, Hörner auf der Nase. Diese bestehen aus zusammengeklebten Haaren. Damit greifen sie Feinde an. Sie können schlecht sehen, dafür aber umso besser hören und riechen.

Spitzmaulnashorn

Größe: 3,20 – 3,50 m

Gewicht: 800 – 1500 kg

Nahrung: Gras, Knospen, Zweige

Verbreitung: Afrika

Besonderheiten: Seine Oberlippe ist wie ein Finger geformt.

Nashornfamilie

Nashörner leben als Einzelgänger und bilden nur selten eine Herde. Männchen und Weibchen treffen meist nur zur Paarungszeit aufeinander. Wenn das Nashornkalb, so nennt man das Jungtier, auf die Welt kommt, wiegt es schon vierzig Kilogramm! Es trägt noch kein Horn auf der Nase, das wächst erst nach einem Monat. Die Mutter beschützt das Jungtier und gibt ihm etwa zwei Jahre lang von ihrer Milch zu trinken.

Breitmaul- und Spitzmaulnashorn

Sowohl das Spitzmaulnashorn als auch das größere Breitmaulnashorn leben in Afrika. Beide tragen zwei Hörner auf dem Kopf. Das vordere Horn ist immer länger als das hintere. Das Spitzmaulnashorn frisst Blätter von Zweigen, die es mit der spitzen Oberlippe greifen kann. Das Breitmaulnashorn kann mit seinem breiten Maul gut Gras abrupfen.

Vorsicht!

Spitzmaulnashörnern sollte man in freier Wildbahn nicht zu nahe kommen. Meist ergreifen sie die Flucht, manchmal aber fühlen sie sich auch bedroht, besonders wenn Jungtiere bei ihnen sind. Dann stürmen sie mit gesenktem Kopf und vorgestreckten Hörnern auf ihren Gegner los, um ihn zu vertreiben.

Panzernashörner leben in Asien und haben panzerartige Hautplatten.

Der Löwe

Der Löwe ist der König der Tiere. Unter den Tieren hat er keine Feinde, weil er zu den mächtigsten und stärksten Großkatzen gehört. Antilopen, Gnus und Zebras werden unruhig, sobald ein Löwe in ihre Nähe kommt. Bei seinem Gebrüll ergreifen sie blitzschnell die Flucht.

Löwe

Größe: 1,70 – 2,50 m

Gewicht: 150 – 250 kg

Nahrung: Antilopen, Büffel, Gnus, Zebras

Verbreitung: Afrika

Besonderheiten: Löwen sind die größten Landraubtiere Afrikas.

Einmal mit und einmal ohne Mähne

Männliche und weibliche Löwen unterscheiden sich sehr deutlich voneinander. Die Männchen sind größer, kräftiger und schwerer als die Weibchen. Nur die männlichen Löwen habe eine Mähne. Sie schützt bei Kämpfen ihren Kopf vor Verletzungen. Ein Löwenmännchen kommt aber nicht mit dieser Mähne auf die Welt. Es dauert ungefähr fünf Jahre, bis sie gewachsen ist.

Männliche Löwen haben eine Mähne.

Auf der Jagd

Löwen jagen im Rudel. Da sie nicht so lange rennen können, schleichen sie sich lieber auf leisen Pfoten an ihre Beute heran und laufen dann nur noch die letzte Strecke ganz schnell. Die Männchen dürfen zuerst fressen, dann die Weibchen. Die jungen Löwen müssen so lange warten, bis die anderen satt sind.

Wer will Milch?

Löwen leben in Gruppen aus meist vier bis acht Weibchen und ihren Jungen zusammen. Diese Gruppen nennt man Rudel. Manchmal gehören auch ein paar Männchen dazu. Gemeinsam verteidigen sie ihr Gebiet. Löwenweibchen bringen ein bis vier Junge zur Welt. Die Mutter säugt sie abseits des Rudels mit ihrer Milch. Zwei Monate später bringt sie ihre Kleinen zum Rudel zurück. Dann können die Jungtiere bei jedem weiblichen Tier der Herde Milch trinken!

Die Schlange

Schlangen gehören zu den Reptilien. Alle Reptilien sind Kriechtiere, haben eine feste Haut und werden erst bei Wärme richtig munter. Schlangen haben im Unterschied zu den anderen Kriechtieren keine Beine. Sie schlängeln ihren langen Körper vorwärts.

Grüne Mamba

Größe: 1,50 – 2,50 m

Nahrung: Eier, Vögel, Eidechsen, Frösche

Verbreitung: Ost- und Südwestafrika

Besonderheiten:
Die Mamba jagt nur tagsüber.

Schlangengift

Alle Schlangen sind Fleischfresser. Sie schlucken ihre Beute als Ganzes und mit dem Kopf voran. Giftschlangen wie die Klapperschlange oder die Grüne Mamba töten ihre Beute durch einen Biss mit ihren spitzen Giftzähnen. Andere Schlangen ersticken ihre Beute, indem sie das Tier mit ihrem Körper fest umschlingen.

Harmlos oder giftig?

Die meisten Schlangen sind für Menschen völlig ungefährlich. Doch es gibt auch Giftschlangen, deren Biss für Menschen lebensgefährlich sein kann. Zu den gefährlichen Giftschlangen gehören die Klapperschlange und die Grüne Mamba.

Achtung, Klapper!

Die Diamant-Klapperschlange ist die größte Klapperschlange. Sie wird bis zu 2,5 Meter lang. Wie alle Klapperschlangen hat sie an der Schwanzspitze eine Klapper aus verdickten Schuppen. Wenn sie ihren Schwanz bewegt, erzeugt die Klapper ein rasselndes Geräusch. Damit warnt die Schlange andere Tiere davor, sie anzugreifen.

Die Klapperschlange reißt ihr Maul auf. Siehst du die Giftzähne?

Das Kamel

Kamele sind große Huftiere. Ihre Fußsohlen sind weich und gepolstert. So sinken die Tiere im weichen Boden nicht ein. Es gibt zwei Arten von Kamelen: Dromedare und Trampeltiere. Manchmal heißt das Trampeltier auch einfach nur Kamel.

Dromedar

Größe: 2,20 – 3,40 m

Gewicht: 450 – 550 kg

Nahrung: Gräser, Kräuter, Blätter

Verbreitung: Nordafrika, Arabien, Australien

Besonderheiten:
Es gibt keine frei lebenden Dromedare mehr. Sie werden nur noch als Haustiere gehalten.

Überlebenskünstler Kamel

Kamele können Hitze und Trockenheit gut aushalten. Als Futter reichen ihnen struppige und harte Pflanzen. Kamele können mehrere Monate ohne Wasser auskommen. Wie sie das schaffen? Ganz einfach: Die Höcker auf dem Rücken sind ihre Vorratskammern. Dort legen die Kamele in guten Zeiten einen Fettvorrat an, der ihnen in Notzeiten beim Überleben hilft.

Das Kamel hat zwei Höcker auf seinem Rücken.

Vielseitige Haustiere

Schon seit langer Zeit werden Kamele als Haustiere gehalten. Sie dienen vor allem als Lasttiere und Reittiere in der Wüste. Kein anderes Tier kann in der Hitze so schwer tragen und so lange durchhalten. Früher zogen Karawanen, so nennt man große Reisegruppen in Afrika, mit vielen Kamelen durch die Wüste, um Waren zu befördern. Heute werden meistens moderne Fahrzeuge dafür eingesetzt.

Keine Angst vor Sand

Wenn in der Wüste ein Sandsturm aufzieht, sind Kamele gut geschützt: Mit ihren langen Wimpern verschließen sie die Augen. Ihre Nasenlöcher sind wie Schlitze geformt. So können sie schnell geschlossen werden, und kein Sand weht hinein.

Das Zebra

Das gestreifte Zebra ist ein Huftier und mit dem Pferd verwandt. Es ist kleiner und etwas kräftiger als das Pferd und hat eine Stehmähne. Weltweit gibt es drei Zebraarten: das Steppen-, das Berg- und das Grevyzebra. Kein Zebra gleicht dem anderen, denn jedes Tier hat ein anderes Streifenmuster.

Steppenzebra

Größe: 1,10 – 1,55 m

Gewicht: 335 – 355 kg

Nahrung: Gräser, Kräuter, Blätter, Rinde

Verbreitung: Ost- und Südafrika

Besonderheiten: Manche Steppenzebras haben dunkelbraune Streifen.

Fellmuster als Tarnung

Ihr auffälliges Fellmuster sieht nicht nur schön aus, sondern sorgt auch dafür, dass sie aus der Ferne kaum erkennbar sind. Die gestreiften Tiere heben sich nämlich fast nicht von der Umgebung ab. Das schützt sie vor Feinden wie zum Beispiel den Löwen.

Fohlen erkennen ihre Mütter auch an den Streifen.

Herdentier Zebra

Alle Zebras sind Herdentiere. Jede Herde wird von einem Leithengst angeführt, das ist ein starkes männliches Tier. Innerhalb der Herde gibt es eine klare Rangordnung. Alle Tiere halten sich daran. Auf der Suche nach Nahrung unternehmen Zebraherden weite Wanderungen.

Zebra-Kinderstube

Nach etwa einjähriger Tragzeit bringt das Zebraweibchen ein Fohlen, so heißt das kleine Zebra, zur Welt. Bald nach der Geburt kann es stehen und bei seiner Mutter Milch trinken. Zebras sind Säugetiere wie Pferde oder Hunde. Nach ein paar Stunden läuft das Fohlen mit der Herde weiter. Das ist auch gut so, denn die Gruppe schützt das Jungtier vor Angriffen durch Löwen oder andere Raubtiere. Nachts hält meistens ein Tier Wache.

Die Giraffe

Giraffen sind sehr große Tiere. Sie haben einen langen Hals, lange Beine und ein gemustertes Fell. Durch ihre Größe können sie Zweige und Blätter fressen, die andere Tiere nicht erreichen. Außerdem haben sie einen guten Überblick und sehen mit ihren scharfen Augen Feinde schon von Weitem.

Netzgiraffe

Größe: 4,50 – 5,50 m

Gewicht: 500 – 800 kg

Nahrung: Blätter, Zweige

Verbreitung: Ost- und Südafrika

Besonderheiten:
Beim Trinken spreizen Giraffen ihre Vorderbeine. Nur so kommen sie mit ihrem langen Hals an die Wasseroberfläche.

Fellmuster und Hörner

Giraffen haben ein geflecktes Fell. Jede von ihnen hat eine etwas andere Zeichnung. Eine weitere Besonderheit ist das Geweih. Giraffen haben zwei bis fünf kleine Hörner auf dem Kopf. Damit kämpfen Giraffen manchmal gegeneinander. Dabei schwingen sie mit ihrem langen Hals gegen den Körper des Gegners.

Feind in Sicht?

Giraffen schlafen sehr wenig, höchstens ein oder zwei Stunden in der Nacht! Selten legen sie sich dabei hin, meist dösen die Tiere nur ein paar Minuten im Stehen. So können sie schnell reagieren, falls sich ein Feind heranschleicht. Wenn Giraffen angegriffen werden, schlagen sie mit ihren kräftigen Hufen nach den Gegnern. Auch für große Raubkatzen sind diese Tritte lebensgefährlich.

Geburt in der Höhe

Bei der Geburt eines Kalbes, so nennt man das Giraffenkind, steht die Mutter. Das Junge fällt deshalb aus fast zwei Metern Höhe auf den Boden. Dabei passiert ihm aber nichts, da es selber schon ungefähr 1,80 Meter groß ist. Gleich nach der Geburt kann es auf den eigenen Beinen stehen und gehen.

Junge Giraffen tragen auch schon feste Hörner auf dem Kopf.

Schau genau!

1. Wer wird hier von seiner Mutter gesäugt?

2. Wo findest du diese Zähne wieder?

3. Wie sehen die Eltern von diesem Tier aus?

4. Wer rümpft hier seine Nase?

5. Zu welchem Tier gehört dieser Schwanz?

Auf dem Eis

Die kältesten Regionen der Erde liegen rund um den Nordpol und den Südpol, ganz oben und ganz unten auf der Erdkugel. Alle Tiere, die dort leben, müssen gut vor Kälte geschützt sein. Damit ihr Körper nicht auskühlt, haben sie meist Wasser abweisendes Gefieder oder Fell und eine dicke Speckschicht unter der Haut.

Der Eisbär

Der Eisbär wird auch Polarbär genannt. Das große Raubtier ist mit den Braunbären verwandt. Eisbären leben in der Arktis, das liegt ganz oben im Norden. Dort gibt es keine Bäume und Wiesen, sondern nur Eis und kaltes Meer. Mit ihrer weißen Fellfarbe sind sie im Eis gut getarnt.

Eisbär

Größe: 2,10 – 3,40 m

Gewicht: 400 – 900 kg

Nahrung: Robben, Fische, Seevögel

Verbreitung: rund um den Nordpol

Besonderheiten: Eisbären gehen nur selten im Wasser auf Jagd, sondern fast nur an Land.

Ihm wird nicht kalt

Der Eisbär ist sehr gut an das Leben im Eis angepasst. Sein Fell ist Wasser abweisend und speichert die Luft wie in einem Strohhalm. Zusätzlich schützt ihn seine dicke Speckschicht vor Kälte. Die Haut unter dem Fell ist schwarz, so wird sie von der Sonne schnell aufgeheizt. Manchmal kühlen sich die Bären dann im Schnee wieder ab!

Die behaarte Sohle gibt ihnen auf Eis festen Halt.

Laufen und Jagen

Eisbären schlafen wie wir Menschen abends und nachts. Am Tag sind sie mit Laufen, Schwimmen, Tauchen und Fressen beschäftigt. Oft sitzen sie auf einer Eisscholle im Wasser und treiben durchs Meer. Eisbären sind meistens allein unterwegs. Wenn sie hungrig werden, machen sie sich auf die Jagd nach Robben, die im kalten Meer leben. Manchmal warten Eisbären stundenlang vor einem Loch im Eis, bis eine Robbe aus dem Wasser auftaucht, um zu atmen.

Eisbärbabys im Winter

Die weiblichen Eisbären halten wie Braunbären Winterruhe. Sie ruhen sich in einer Eishöhle aus, gehen aber immer wieder auf Nahrungssuche. Die kleinen Eisbären kommen in der Höhle auf die Welt. Sie sind blind und nur so lang wie eine Hand. Wochenlang trinken sie von der Milch der Mutter. Sie wachsen sehr schnell und verlassen dann ungefähr im April die Höhle, um das Jagen zu lernen.

Der Pinguin

Die meisten Pinguine leben am Südpol, in der Antarktis. Du findest das Gebiet ganz unten auf dem Globus. Dort ist es sehr kalt. Pinguinen macht das aber nichts aus, denn eine Speckschicht schützt sie wie ein Wintermantel. Außerdem hält sie ihr dichtes, Wasser abweisendes Gefieder warm.

Humboldtpinguin

Größe: 65 – 70 cm

Gewicht: 4 – 5 kg

Nahrung:
Fische, Tintenfische

Verbreitung:
Westküste Südamerikas

Besonderheiten:
Mittlerweile gibt es mehr Humboldtpinguine in Zoos als in der freien Natur.

Ein Vogel, der nicht fliegt

Wusstest du, dass Pinguine Vögel sind? Ihre Flügel haben sich im Laufe der Zeit zu Flossen entwickelt. Deshalb können Pinguine nicht fliegen, dafür aber gut schwimmen. An Land bewegen sich die Seevögel recht ungeschickt. Sie watscheln auf ihren kurzen Beinen umher oder rutschen auf dem Bauch.

Verschiedene Pinguinarten

Die bekanntesten Pinguinarten sind der Humboldtpinguin und der Kaiserpinguin. Der Kaiserpinguin ist der größte Pinguin. Sein Bauch ist weiß, sein Rücken schwarz und sein Hals orange gefärbt. Der Humboldtpinguin ist kleiner. Sein Gefieder ist am Rücken und an den Flügeln schwarz, am Bauch weiß mit schwarzen Punkten.

Junge Kaiserpinguine sind gut vor der Kälte geschützt.

Fürsorgliche Eltern

Kaiserpinguine versammeln sich jedes Jahr in großen Gruppen, Kolonien genannt. So können sie sich beschützen und gegenseitig wärmen. Dort legt das Kaiserpinguinweibchen ein großes Ei. Das Männchen wärmt das Ei auf den Füßen unter seiner Bauchfalte. Ist der kleine Pinguin aus dem Ei geschlüpft, hält er sich am liebsten in der Bauchfalte auf. Humboldtpinguinweibchen legen zwei Eier in einer Bruthöhle ab. Beim Brüten der Eier und später beim Füttern der Jungen wechseln sich die Männchen und die Weibchen ab. Mit etwa drei Monaten verlassen die Jungen ihre Eltern.

Das Walross

Das mächtige Walross ist in der Arktis, also ganz oben im Norden zu Hause. Es gehört zur Familie der Robben. Das Besondere an den Walrossen ist, dass sie die einzigen Robben sind, die Stoßzähne im Oberkiefer haben.

Walross

Größe: 2,50 – 3,50 m

Gewicht: 600 – 1200 kg

Nahrung:
Würmer, Muscheln, Schnecken, Fische

Verbreitung: Arktis

Besonderheiten:
Walrosse haben kaum Feinde, weil sie sich mit ihren Stoßzähnen sehr gut verteidigen können.

Praktische Fettschicht

Das Walross hat einen großen und plumpen Körper. Eine dicke Fettschicht unter der faltigen Haut schützt das Tier vor Kälte und Verletzungen. Bei den Bullen, den Männchen, ist die Fettschicht an Nacken und Schultern besonders dick. Damit sind sie vor Verletzungen sicher, wenn sie gegen andere Bullen kämpfen und die Stoßzähne zum Einsatz kommen.

Vorsicht, gefährliche Stoßzähne

Beim Walross haben sich die oberen Eckzähne zu Stoßzähnen entwickelt. Mit diesen Hauern verteidigt sich das Tier gegen Feinde. Außerdem bricht es damit sogar Löcher in dickes Eis. Weibchen und Männchen haben solche Stoßzähne. Beim Bullen sind sie 50 Zentimeter bis einen Meter lang, beim Weibchen kürzer. Jungtieren wachsen die Hauer im ersten Lebensjahr.

Auf den Eisschollen kann es eng werden.

Leben in Gesellschaft

Walrosse sind gesellige Tiere und leben in Gruppen zusammen, die man Kolonien nennt. Gemeinsam mit anderen Walrossen ruhen sie sich auf schwimmenden Eisschollen aus. Sie unterhalten sich durch Grunzen und Brüllen. Walrosse sind gute Taucher. Sie jagen nur unter Wasser, zum Beispiel nach Fischen. Auf dem Kopf stehend suchen sie den Meeresboden mit ihren Stoßzähnen nach Muscheln, Würmern und Schnecken ab.

Der Polarfuchs

Der Polarfuchs oder Eisfuchs ist mit dem Hund verwandt. Er bewohnt die kalten Regionen der Nordhalbkugel. Der Polarfuchs lebt auf dem Eis und in nördlichen Wäldern. Mit seinem dichten Fell hält er Temperaturen bis zu –70°C aus, das ist viel kälter als im Gefrierfach des Kühlschranks!

Polarfuchs

Größe:
50 – 70 cm (ohne Schwanz)

Gewicht: 2,5 – 6 kg

Nahrung: Allesfresser (kleine Säugetiere, Beeren)

Verbreitung: Nordeuropa, Nordamerika, Nordrussland

Besonderheiten:
Gerät der Polarfuchs in einen Schneesturm, rollt er sich zusammen und wärmt sich zusätzlich mit dem buschigen Schwanz.

Immer gut getarnt!

Viele Tiere haben im Sommer ein kurzes und im Winter ein dichtes, langes Fell. Auch Polarfüchse verändern ihr Fell und ihre Fellfarbe! Im Winter wird ihr Fell weiß und schützt sie bei Schnee und Eis gut vor Feinden. Im Sommer färbt es sich graubraun und unterscheidet sich kaum vom braunen Boden.

Junge Füchse

Männchen und Weibchen bleiben meist ein Leben lang zusammen. Gemeinsam bauen sie Höhlen unter der Erde. Dorthin flüchten sie bei Gefahr und ziehen dort auch ihre Jungen auf. Der Rüde, so heißt das Männchen, verteidigt die Höhle gegen Feinde. Das Weibchen bringt dort mehrere junge Füchse auf die Welt. Sie sind blind, haben aber schon ein braunes Fell.

Die jungen Polarfüchse sind gut getarnt.

Warmer Pelz und warme Schuhe

Je nach Jahreszeit ändern Polarfüchse ihr Verhalten. Im Sommer leben sie in einem festen Gebiet, das sie gegen andere Polarfüchse verteidigen. Im Winter sind sie oft lange unterwegs, bis sie Nahrung finden. Im Winter wächst den Polarfüchsen an den Pfoten ein dichter Pelz. Sie laufen wie auf Watte über das Eis und bekommen keine kalten Füße.

Die Robbe

Robben sind Säugetiere und leben im Wasser. Sie säugen ihre Jungen mit Milch. Die meisten Robbenarten sind in der Arktis und Antarktis zu Hause, also ganz oben im Norden und unten im Süden der Erde. Viele von ihnen leben aber auch bei uns, zum Beispiel an der Nordsee.

Seehund

Größe: 1,50 – 2 m

Gewicht: bis 150 kg

Nahrung: Fische, Krebse

Verbreitung: Nordmeere

Besonderheiten:
Seehunde können sehr tief und lange tauchen.

Sehen, hören, riechen

Mit ihren großen Augen sehen Robben unter Wasser sehr gut, an Land etwas schlechter. Robben haben keine Ohrmuscheln, sondern nur kleine Wulste. Unter Wasser hören Robben jedes Geräusch und wissen sofort, aus welcher Richtung es kommt. Mit den schmalen Nasenöffnungen können Robben gut riechen, allerdings nur an Land. Unter Wasser schließen sie die Öffnungen. Hier finden sie sich mit den langen Barthaaren gut zurecht.

Am liebsten im Wasser

Robben verbringen die meiste Zeit im Wasser. An Land ruhen sie sich aus. Eine dicke Fettschicht schützt ihren Körper vor der Kälte. Robben können sehr gut schwimmen. Sie treiben sich mit ihren Hinterflossen an, müssen aber immer wieder an die Wasseroberfläche kommen, um Luft zu holen. An Land können sie nur ungeschickt auf ihrem Bauch robben.

Seehundbabys haben zuerst ein wolliges Fell.

Stark durch Muttermilch

Robben leben in Gruppen, den Kolonien, zusammen. An Land bringt das Robbenweibchen ein Junges zur Welt. Nach der Geburt sucht das Baby die Zitzen der Mutter und trinkt. Die Muttermilch ist sehr fetthaltig, sodass das Junge schnell wächst und kräftig wird. „Heuler“ nennt man junge Seehunde, die ihre Mutter verloren haben oder von ihr getrennt wurden. Sie werden in Seehundstationen großgezogen und dann wieder zum Strand zurückgebracht.

Schau genau und vergleiche!

Hier findest du einige Tiere, die du im Buch schon kennengelernt hast. Oben erkennst du, wie groß sie im Vergleich zueinander sind. Unten siehst du, wie schwer die Tiere sind. Viel Spaß beim Entdecken und Vergleichen!

Ein Eisbär wiegt so viel wie ein kleines Auto.

Ein Schmetterling ist so leicht wie eine Büroklammer.

Ein Papagei wiegt nicht mehr als ein Säckchen mit Nüssen.

Ein Pferd wiegt so viel wie zehn Kinder und Erwachsene.

Ein Elefant ist so schwer wie ein Lastwagen.

Register

Lösungen „Schau genau!"

Seite 4 – „In der Luft"

1. Die Raupe verwandelt sich in einen Schwalbenschwanz. (S. 8/9)
2. Der Grünflügelara (Papagei, S. 12/13)
3. Zum Schreiadler (S. 6/7)
4. Der Uhu (S. 14/15)
5. Bei der Großen Hufeisennase (S. 10/11)

Seite 16 – „Auf dem Land"

1. a) Zum Camarguepferd (S. 24/25)
   b) Zum Sibirischen Tiger (S. 30/31)
   c) Zum Bären (S. 26/27)
2. Die Hauskatze (S. 20/21)
3. Bei den Orang-Utans (S. 28/29)
4. a) Der Schäferhund (S. 18/19)
   b) Das Kalb (S. 22/23)

Seite 32 – „Im Wasser"

1. Ein kleines Krokodil (S. 38/39)
2. Der Goldfisch (S. 34/35)
3. Zum großen Tümmler – Delfin (S. 36/37)
4. a) Zum Schwertwal (S. 44/45)
   b) Zum Flusspferd (S. 40/41)
   c) Zum Weißen Hai (S. 42/43)

Seite 46 – „In der Steppe"

1. Die grüne Mamba (S. 56/57)
2. Die Mutter ist eine Löwin. (S. 54/55)
3. a) Das graue Riesenkänguru (S. 50/51)
   b) Das Steppenzebra (S. 60/61)
   c) Das Spitzmaulnashorn (S. 52/53)
4. a) Zur Netzgiraffe (S. 62/63)
   b) Zum Dromedar (S. 58/59)
   c) Zum Afrikanischen Elefanten (S. 48/49)

Seite 64 – „Auf dem Eis"

1. Eine Robbe (S. 74/75)
2. Beim Walross (S. 70/71)
3. Die Eltern sind Kaiserpinguine. (S. 68/69)
4. Der Eisbär (S. 66/67)
5. Zum Polarfuchs (S. 72/73)

Bildquellenverzeichnis

Bibliographisches Institut & F. A. Brockhaus, Mannheim 5, 6, 7, 8, 9, 13, 19, 20, 21, 23, 25, 29, 31, 35, 36, 39, 45, 47, 49, 51, 53, 55, 57, 59, 60, 61, 63, 67, 69, 71, 75

© CORBIS/Royalty-Free 50, 65

Dr. R. König, Preetz 22

MEV Verlag, Augsburg 18, 37, 54, 62

Bildarchiv Okapia, Frankfurt am Main 10, 11, 34, 38

picture-alliance/dpa, Frankfurt am Main 14, 27, 52, 66, 72

picture-alliance/Bildarchiv Okapia, Frankfurt am Main 12, 15, 24, 26, 33, 40, 42, 44, 56, 58, 70, 74

picture-alliance/NHPA/Photoshot, Frankfurt am Main 17, 30, 43

picture-alliance/Photoshot, Frankfurt am Main 48

Dr. H. Sauerbier, Lauchringen 8

K. Wothe, Naturfotos und -filme, München 28, 41, 54, 68, 73

Wissen Schritt für Schritt:

1. Entdecken – 2. Verstehen – 3. Ausprobieren

1. Entdecken:
Doppelseitige Panoramabilder zum Kapitelauftakt geben einen ersten Überblick über den Themenbereich.

2. Verstehen:
Zahlreiche Abbildungen, Klappen und Stanzungen sowie leicht verständliche Texte lenken den Blick auf Details.

3. Ausprobieren:
Spielerische Aufgaben und Rätsel am Ende eines Kapitels helfen, das neu erworbene Wissen zu vertiefen.

Innenseiten aus dem Band »Achtung, Baustelle!«

Der Kinder Brockhaus
Mein erstes Wissen

Hier finden Kinder ab 5 Jahren spannendes Wissen zu all ihren Lieblingsthemen: von der Baustelle über Tierkinder im Zoo bis hin zu Rittern oder Dinosauriern.

Je Band
- 26 bzw. 32 Seiten.
- Ca. 30 Klappen und Stanzungen.
- Pappband.
- Format: 21,5 × 24,5 cm.

Auf dem Bauernhof
ISBN 978-3-7653-1772-9

Achtung, Baustelle!
ISBN 978-3-7653-1775-0

Unterwegs mit der Eisenbahn
ISBN 978-3-7653-1785-9

Jetzt kommt die Feuerwehr!
ISBN 978-3-7653-1778-1

Auf dem Flughafen
ISBN 978-3-7653-1788-0

Den Indianern auf der Spur
ISBN 978-3-7653-1783-5

Kennst du deinen Körper?
ISBN 978-3-7653-1773-6

Pferde und Ponys
ISBN 978-3-7653-1782-8

Bei der Polizei
ISBN 978-3-7653-1787-3

Leben auf der Ritterburg
ISBN 978-3-7653-1776-7

Vorsicht, Saurier!
ISBN 978-3-7653-1784-2

Was ist los auf unserer Straße?
ISBN 978-3-7653-1774-3

Alles über die Uhr und die Zeit
ISBN 978-3-7653-1786-6

Was lebt und wächst im Wald?
ISBN 978-3-7653-1780-4

Was weißt du übers Wasser?
ISBN 978-3-7653-1779-8

Tierkinder im Zoo
ISBN 978-3-7653-1777-4

Ihre Meinung ist uns wichtig! Wie gefällt Ihnen diese Buch? Wir freuen uns auf Ihre Rückmeldung unter **www.brockhaus.de/meinung**